LE PHYLLOXERA

RÉSUMÉ

DES

RÉSULTATS OBTENUS

EN 1876

A LA STATION VITICOLE DE COGNAC

MODE D'EMPLOI DES SULFOCARBONATES ALCALINS

PAR

P. MOUILLEFERT

Chargé des expériences du Comité de Cognac.

PRIX : 1 FRANC

PARIS

LIBRAIRIE AGRICOLE DE LA MAISON RUSTIQUE

26, RUE JACOB, 26

1877

LE PHYLLOXERA.

RÉSUMÉ

DES

RÉSULTATS OBTENUS EN 1876

A LA STATION VITICOLE DE COGNAC:

MODE D'EMPLOI DES SULFOCARBONATES

EXTRAIT DU JOURNAL D'AGRICULTURE PRATIQUE.

LE PHYLLOXERA

RÉSUMÉ

DES

RÉSULTATS OBTENUS

EN 1876

A LA STATION VITICOLE DE COGNAC

MODE D'EMPLOI DES SULFOCARBONATES ALCALINS

PAR

P. MOUILLEFERT

Chargé des expériences du Comité de Cognac.

PRIX : 1 FRANC

PARIS

LIBRAIRIE AGRICOLE DE LA MAISON RUSTIQUE

26, RUE JACOB, 26

1877

LE PHYLLOXERA.

RÉSUMÉ

DES

RÉSULTATS OBTENUS EN 1876

A LA STATION VITICOLE DE COGNAC.

MODE D'EMPLOI DES SULFOCARBONATES.

A M. le rédacteur en chef du *Journal d'Agriculture pratique*.

Monsieur,

Comme tout le monde le sait, le *Journal d'Agriculture pratique* a toujours tenu avec un soin tout particulier ses nombreux lecteurs au courant de tout ce qui pouvait les intéresser au sujet du phylloxera, et il serait diffi-cile de toucher à un point de cette importante question sans tomber dans des redites souvent inutiles.

Cependant, au risque de paraître importun,

je vous demanderai l'autorisation de résumer brièvement les résultats qui ont été obtenus l'année dernière à la station viticole de Cognac ainsi que les enseignements qu'il est permis d'en tirer.

Malheureusement, jusqu'ici il y a eu comme un parti pris à l'égard des expériences du comité de cette ville. D'une manière générale, quand on ne les passe pas sous silence on les critique, même sans les connaître.

Les délégués de l'Académie qui ont été chargés de ces expériences savent bien que leurs travaux porteront leurs fruits tôt ou tard, mais il n'en est pas moins vrai que, au point de vue des intérêts du pays, cette attitude hostile envers ce qui s'est fait à Cognac est fâcheuse pour la viticulture, car elle paralyse les initiatives privées et empêche l'avénement de la solution pratique de la guérison des vignes phylloxerées.

Je suis entièrement gagné aux sulfocarbonates, que M. Dumas a proposés, que le premier j'ai expérimentés sous sa savante direction, et que je continue à étudier depuis près de trois ans. Par conséquent, je puis avoir quelques prétentions à connaître ces subtances ; aussi c'est leur cause que je vais plaider dans cet article. Je le ferai sans esprit de parti, mais avec la conviction que donnent les faits. Je serais heureux si je pouvais faire partager ma manière de voir et démontrer qu'on a eu tort de rejeter trop tôt le remède que nous recommandons pour combattre le terrible parasite de la vigne.

Veuillez agréer, etc.

P. MOUILLEFERT.

Au moment de la fondation de la Station (1874), l'histoire naturelle de l'insecte n'était pas encore complète. Au sujet des remèdes, l'empirisme régnait à peu près partout, mais particulièrement dans le Midi, qui avait été le premier atteint par le fléau. Beaucoup de personnes ne croyaient pas encore au *Phylloxera cause*, ce qui faisait surgir les théories les plus singulières. Par suite de l'impuissance des moyens proposés, l'inquiétude se répandait de plus en plus dans les pays atteints.

Cependant le comité établi à Montpellier, et qui fonctionnait déjà depuis un an ou deux, sous les savantes impulsions de MM. Marès, G. Bazille, Planchon, Durand et Jeannenot, avait obtenu quelques résultats encourageants: un grand nombre de remèdes avaient été définitivement condamnés, et quelques-uns faisaient entrevoir quelques espérances.

Le comité de Cognac, fondé comme on le sait par l'initiative privée des principaux négociants de la ville, pour ne pas faire double emploi, crut devoir suivre une autre méthode que celle du Mas de las Sorres, D'après les idées de notre ami, M. Max. Cornu, qui avait organisé le comité, on soumit tous les remèdes ou substances qu'on pouvait raisonnablement essayer à une élimination méthodique. On avait pris pour but essentiel la découverte d'un remède efficace, sans tout d'abord trop se préoccuper, sauf en ce qui concernait la matière première du remède, de la question pratique, qui devait forcément venir après l'efficacité.

Les expériences éliminatoires, effectuées à la Station en 1874, démontrèrent que les sulfocarbonates étaient en somme, dans le sol, les substances les plus énergiques qui eussent été essayées contre le phylloxera. Une expérimentation plus complexe, faite depuis cette époque, a confirmé ces premiers résultats.

Dès la fin de 1875, il ressortait de ces expériences, faites sur des vignobles pris à tous les degrés de maladie, ce qui suit :

1° Que partout où la solution de sul-

focarbonates alcalins passait, les phylloxeras étaient détruits ;

2° Qu'après la destruction des insectes, la vigne émettait de nouvelles racines : *ce qu'on n'obtenait, en pareil cas, ni
avec les engrais les plus énergiques, ni avec
la potasse même, surtout quand il s'agissait
de ceps très-malades ;*

3° Que, pour les vignes traitées à toutes
les phases de la maladie, il y avait non-seulement arrêt dans le dépérissement, mais
encore amélioration sensible dans la végétation ;

4° Enfin, que les racines formées sous
l'influence des sulfocarbonates persis-
taient pendant l'hiver.

D'où la conséquence qu'en continuant
l'application du remède, c'est-à-dire la
destruction des phylloxeras , la plante
devait se rétablir.

L'année dernière, les traitements ont
été renouvelés, et les résultats obtenus
sont heureusement venus confirmer ceux
de 1875, et établir définitivement l'*efficacité* des sulfocarbonates pour combattre la nouvelle maladie de la vigne.

Les expériences suivantes, faites chez
MM. Thibaud, Douteaud et Cocuaud, ne

laissent subsister aucun doute à cet égard.

I.

PREMIÈRE EXPÉRIENCE. — Elle a porté sur environ 400 ceps d'une vigne située dans un sol argileux appartenant à M. Douteaud, de Cognac. Les ceps traités formaient une tache, et au moment du traitement, qui eut lieu à la fin de juin 1875, une vingtaine de plants seulement portaient extérieurement les indices de la maladie. Une douzaine avaient déjà la plupart de leurs racines détruites. Tout le reste était encore très-vigoureux ; mais, en examinant les racines des ceps de cette dernière catégorie, on voyait un nombre considérable de renflements chargés de phylloxeras.

On traita ces 400 ceps avec 80 grammes de sulfocarbonate de potassium dilués dans 25 litres d'eau.

A la fin de la végétation, c'est-à-dire en septembre, les ceps les plus vigoureux étaient arrivés à mûrir parfaitement leurs raisins et les autres avaient repris beaucoup de vigueur.

L'année dernière, dans le courant de mars, la même vigne a reçu un deuxième traitement ; mais, au lieu de traiter 400 ceps, on a opéré sur 500, parce qu'on s'est aperçu qu'en 1875 on n'avait pas suffisamment circonscrit le mal.

État actuel.—Tous les ceps, sauf 4 ou 5, qui étaient très-affaiblis en 1875, et qui n'avaient pas encore eu le temps de reconquérir leur ancienne vigueur, non-seulement ne présentent en ce moment aucun signe extérieur de maladie, mais sont même plus vigoureux qu'ils ne l'ont jamais été, et cela, sans doute, grâce à la potasse du sulfocarbonate.

A 100 mètres plus loin, dans le même vignoble, une deuxième tache, que l'on distinguait à peine en 1875, et qui n'a pas été traitée, montre en ce moment plusieurs centaines de ceps qui sont tout à fait à la dernière extrémité.

Conclusion. — Cette expérience prouve qu'en traitant les vignes dès le début de l'invasion, c'est-à-dire avant que les racines et les radicelles soient très-lésées, la maladie passe inaperçue.

DEUXIÈME EXPÉRIENCE. — Celle-ci comprend environ 1,200 ceps; il s'agit d'une vigne de M. Thibaud, adjoint de Cognac, soumise au traitement du sulfocarbonate de potassium depuis le commencement de 1875.

Cette vigne a été reconnue atteinte de la maladie dès l'année 1874. Lors du premier traitement, elle était fortement phylloxerée et présentait quatre taches qui s'étaient réunies. Beaucoup de ceps avaient déjà leurs grosses racines pourries, et celles des plus vigoureux, quoique vertes, étaient vouées à une mort certaine ; tout le tissu cortical, par suites des piqûres du phylloxera, était déjà entièrement gonflé et altéré. En somme, cette vigne étant abandonnée à elle-même, très-peu de ceps auraient mûri leurs raisins en 1875, et en 1876 le vignoble aurait dû être considéré comme perdu ; l'état des vignes voisines, attaquées plus tard cependant, le démontre clairement. En ce moment, toutes celles-ci sont arrachées ou elles vont l'être avant le printemps.

En 1875, on traita deux fois cette vigne avec le sulfocarbonate de potassium, en mars et à la fin de juin. Le premier traitement fut considéré comme nul; le produit employé était mauvais : ce n'était guère que du mono-sulfure de potassium.

Les ceps les moins malades donnèrent encore une bonne récolte, et les autres reprirent de la vigueur à la séve d'août.

Pendant l'hiver, ce que je redoutais est malheureusement arrivé : la plupart des grosses racines, qui étaient fortement lésées lors du traitement, ont pourri ; le remède n'avait pu les sauver, il avait été appliqué une année trop tard ; mais le nouveau chevelu formé sous l'influence du sulfocarbonate a résisté.

L'année dernière, dans le courant de janvier, on a effectué un nouveau traitement, suivant le procédé habituel.

État actuel. — Aujourd'hui cette vigne, condamnée à périr, présente, à part quelques ceps qui étaient tout à fait à la dernière extrémité au moment du premier sulfocarbonatage, le plus bel aspect ; son rétablissement se fait pour ainsi dire à vue d'œil, le système radiculaire se reconstitue, et l'on peut espérer, dès cette année même, malgré la perturbation produite dans la végétation des ceps par la perte de leurs grosses racines, les voir arriver à leur ancienne vigueur. En tous cas, bien que la gelée ait fait fortement sentir ses effets, les raisins ont été relativement nombreux, et l'on a pu encore faire une bonne récolte à l'automne dernier.

Conclusion. — Cette expérience, tout en prouvant l'efficacité du remède, montre qu'il ne faut pas attendre pour traiter les ceps que leurs racines soient fortement endommagées ; elle fait voir cependant qu'une vigne déjà très-malade se rétablit encore très-vite par le sulfocarbonatage.

TROISIÈME EXPÉRIENCE. — La vigne qui a fait l'objet de cette expérience appartient à M. Cocuaud, de Sèche-Bec, commune de Cognac.

Les ceps de la partie traitée sont âgés d'environ quinze ans et végètent dans un sol calcaire, sec, peu profond, et par conséquent très-favorable à la multiplication du phylloxera.

L'application du sulfocarbonate de potassium, commencée en 1875, a porté sur trois cent treize ceps, qui occupaient une surface d'environ cinq ares.

Lors du premier traitement, qui eut lieu en mars, on comptait quarante et un ceps morts, et un mois après, lorsque les bourgeons se furent épanouis, on en trouvait cinquante.

Au 30 juin 1875, c'est-à-dire à l'époque où le remède allait commencer à agir sur la végétation, et date ultime de la maladie, voici quel était l'état des ceps :

Cinquante étaient morts et desséchés ;

Soixante-dix étaient tout à fait à la dernière extrémité ; ils avaient émis seulement quelques feuilles ;

Cent cinquante-six étaient très-peu vigoureux ; leurs pousses ne dépassaient pas $0^m.15$ à $0^m.20$ de longueur, et leur végétation était à peu près arrêtée ;

Douze, situés le long d'un mur, avaient des pousses de $0^m.30$ à $0^m.40$, qu'ils continuaient d'allonger très-lentement.

Tous ces ceps, sans distinction, et même ceux qui n'étaient pas encore morts, avaient leurs racines détruites ; il ne leur restait de vivantes que la souche et la base des grosses racines ; de plus, bien qu'il n'y eût pas de gelée, les survivants, sauf deux ou trois, n'avaient pas de raisins. Il eût été difficile d'opérer sur une vigne plus malade.

Dans le courant de juillet, le sol étant particulièrement favorable à la multiplication des phylloxeras, ces insectes commençaient à redevenir très-nombreux. Je crus alors devoir donner un deuxième traitement, mais seulement avec 20 grammes de sulfocarbonate au lieu de 80 grammes, dose d'hiver.

Voici ce qui arriva jusqu'à la fin de la végétation :

Le 28 juillet, je remarquai seulement vingt ceps qui commençaient à allonger leurs pousses.

Le 1er août, il y en avait quarante-huit.

Le 22 août, il y en avait soixante-quinze.

Le 31 août, il y en avait cent trente-cinq.

Le 21 septembre, il y en avait cent soixante-seize.

Enfin, le 20 octobre, on comptait cent quatre-vingt-cinq ceps qui avaient amélioré leur végétation, soixante-quatre qui étaient restés à peu près stationnaires (aspect extérieur), les autres étaient morts.

On constatait aussi, à la même date, que, si quelques phylloxeras avaient reparu, un abondant chevelu et de nombreuses radicelles se préparaient à remplacer les organes souterrains qui avaient été détruits.

Ces ceps ont été de nouveau traités en 1876 dans le courant de mars.

État actuel. — En ce moment, où le dernier traitement a eu tout son effet sur la végétation, voici quel est l'état de cette vigne :

12 ceps ont des pousses de 1^m.50 à 1^m.80
107 — 0^m.80 à 1^m.00
128 — 0^m.50 à 0^m.80
66 sont morts.

Soit donc deux cent quarante-sept ceps dont la végétation s'améliore. Malgré la gelée, et après être restés deux ans stériles, plus de trente de ces ceps portaient des raisins.

Conclusion. — Si l'on veut bien comparer l'état actuel de cette vigne à ce qu'il était en 1875, à pareille époque, on voit que son rétablissement se fait sûrement et peu à peu.

QUATRIÈME EXPÉRIENCE. — Une autre vieille vigne, appartenant à M. Thibaud, est aussi soumise depuis deux ans au traitement par le sulfocarbonate de potassium. Elle était déjà très-affaiblie quand nous avons commencé l'expérience ; aujourd'hui son rétablissement est en très-bonne voie, tandis que la partie de cette vigne non traitée a dû être arrachée dès l'hiver de 1875.

CONCLUSION GÉNÉRALE. — A part la question de la fréquence des traitements et la question économique, qui seront résolues avec le temps, de ces quatre expériences, qui représentent aussi exactement que possible les trois états ou phases par où passe une vigne phylloxerée avant de mourir, il ressort donc la *preuve incontestable de l'efficacité du sulfocarbonate de potassium, puisque ce remède peut faire vivre et même rétablir une vigne phylloxerée prise à tous les degrés de la maladie. La démonstration de l'efficacité est donc complète (1).*

Au point de vue pratique, il ressort aussi de ces expériences qu'il faut traiter les ceps dès qu'on aperçoit des phylloxeras sur le chevelu, et qu'il ne faut pas attendre que les grosses racines soient lésées et vouées à une mort certaine. Avec cette précaution, la plante ne souffre pas de la maladie ; au contraire, si l'on attend, pour appliquer le remède, la destruction des grosses racines, le rétablissement, toujours lent, suivra la reconstitution du système radiculaire, ce qui exigera plusieurs années de traitement (2).

II.

Maintenant, voyons en quelques mots comment agissent les sulfocarbonates,

(1) Propriété commune, d'ailleurs, à toutes substances capable de détruire les phylloxeras dans le sol. Voir *Comptes rendus de l'Académie des sciences,* 16 juillet 1876.

(2) Les expériences commencées à l'École d'agriculture de Montpellier semblent aussi devoir donner des résultats identiques à ceux obtenus à Cognac.

tant sur les phylloxeras que sur la vigne.

Théoriquement, les sulfocarbonates sont assez énergiques pour détruire, là où passe leur solution, même très-étendue, tous les œufs et tous les insectes; c'est donc une erreur de dire, comme le font quelques personnes, qu'ils ne tuent pas les œufs. Une solution au dix-millième les détruit encore en moins de 24 heures. Mais pratiquement ils ne pénètrent malheureusement pas partout. Une foule de causes inhérentes au milieu, et dont les effets viennent s'ajouter, font que la solution ne se répand pas uniformément dans toutes les couches de terre infestées; il y a toujours un certain nombre d'œufs ou de phylloxeras épargnés qui, avec les œufs d'hiver déposés sur le cep, auront reproduit l'espèce, quelquefois en immense quantité, à la fin de l'été ou dans le courant de l'automne.

Si ce fait est fâcheux, et pour ainsi dire indépendant de la valeur du remède quel qu'il soit, il n'y a pas lieu toutefois de s'en alarmer outre mesure. La chose essentielle et bien établie, c'est que, après un sulfocarbonatage bien fait, les insectes

restent si peu nombreux, que pendant
plusieurs mois ils ne nuisent pas considérablement à la végétation de la plante.
La vigne profite de ce moment de répit ;
avec les quelques organes absorbants
qu'elle a pu former sur ses propres ré-
serves, elle puise dans le sol les ma-
tières nutritives nécessaires pour en
développer d'autres, qui viendront suc-
cessivement aider les premiers dans la
nutrition de tout le végétal.

Ordinairement, les mois d'avril, de
mai et de juin sont consacrés à ce travail
souterrain réparateur, et ce n'est guère
qu'à partir du mois de juillet, pour les
vignes très-malades, que l'effet du remède
se manifeste extérieurement par une
élongation de pousses. Le rétablissement de la plante suit exactement le
rétablissement du système radiculaire.

L'action des sulfocarbonates, notamment du sulfocarbonate de potassium,
n'est pas seulement due, comme quelques personnes le croient, à leur valeur
comme engrais, mais avant tout à leur
propriété insecticide. Ce qui le prouve,
c'est que si l'on traite comparativement,
comme je l'ai fait à Cognac en 1875 et

en 1876, des vignes très-phylloxerées et dans les mêmes conditions :

1° Avec le sulfocarbonate de potassium ; on voit la vigne se rétablir très-vite ;

2° Avec le sulfate de potasse seul ou en quantité égale ou même plus forte que celle qui se trouve dans la dose de sulfocarbonate ; le dépérissement de la vigne continue ;

3° Avec le sulfure de carbone (j'ai employé la solution aqueuse titrant environ deux millièmes), de façon à détruire à peu près tous les insectes ; la végétation de la vigne s'améliore encore, mais cependant moins vite que dans le premier cas ;

4° Si l'on emploie le sulfure de carbone comme ci-dessus, et qu'on y ajoute une quantité de sulfate de potasse égale à celle que peuvent fournir 100 grammes de sulfocarbonate de potassium, et qu'on applique comparativement ce dernier sel à cette dose à d'autres vignes, on obtiendra des deux éléments dissociés le même résultat que de leur combinaison ;

5° Enfin, avec le sulfocarbonate de sodium, que l'on ne peut pas considérer comme engrais, la vigne se rétablit aussi sous son influence (expérience faite chez M. Édouard Martell). Il en est de même avec le sulfocarbonate de baryum.

Par conséquent, le sulfocarbonate de potassium et les autres sulfocarbonates agissent donc surtout comme antiphylloxeriques.

Toutefois, il n'est pas moins vrai que le sulfocarbonate ou toute autre substance qui, après avoir accompli son œuvre destructive sur le phylloxera, pourra ensuite concourir à la nutrition de la plante, aura une action plus sensible pour combattre la maladie que le remède purement insecticide. C'est pour cette raison que le sulfocarbonate de potassium produit un effet si remarquable sur la végétation de la vigne, et que, si l'on veut tirer parti des sulfocarbonates de sodium, de baryum ou des sulfures de carbone, leur emploi devra toujours être suivi de l'application d'une matière nutritive rapidement assimilable et appropriée.

La nécessité de cette double application de l'insecticide et de l'engrais dans le traitement des vignes phylloxerées ne fait plus aucun doute aujourd'hui. On sait

qu'il importe de faire développer le plus
rapidement possible des organes absorbants ; qu'il faut donner à la plante en peu
de temps la force nécessaire pour sur-
monter les nouvelles invasions de l'insecte, afin de lui permettre d'arriver à
mûrir ses raisins et d'avoir de nouvelles
racines, le plus grosses possibles, qui ré-
sistent mieux aux attaques des parasites.

L'engrais seul est impuissant à combattre la maladie ; il en serait de même
avec un remède purement insecticide, à
moins toutefois de le renouveler assez souvent et de maintenir ainsi dans d'étroites
limites le nombre des phylloxeras. Dans
ce cas seulement l'insecticide seul réta-
blirait la vigne, les faits acquis le démon-
trent ; mais alors, par suite du nombre
des applications, le prix de revient du
traitement pourrait être très-élevé.

C'est pourquoi aussi jusqu'ici je pré-
fère de beaucoup le sulfocarbonate de
potassium, qui est à la fois engrais et
insecticide, aux autres sulfocarbonates
et au sulfure de carbone, remèdes également efficaces, mais dont l'application
devra être plusieurs fois répétée dans
l'année ou accompagnée de fumure.

III.

APPLICATION DES SULFOCARBONATES ALCALINS.

Quant aux procédés d'application des sulfocarbonates alcalins, la question n'a pas fait cette année beaucoup de progrès. Les différents systèmes au moyen desquels on introduit le produit dans des trous sont tous venus se heurter contre la difficulté de la répartition du toxique dans le sol. Il est même à craindre, comme je le disais dès 1874, à la suite de mes expériences (1), que de ce côté, à moins de circonstances tout à fait favorables, on reste encore longtemps avant d'avoir un succès certain, surtout dans les sols argileux, pierreux ou à sous-sol fissuré, où il sera toujours difficile d'obtenir une diffusion latérale parfaite du sulfocarbonate (ceci peut s'appliquer également au sulfure de carbone, qui est encore

(1) Voir mon mémoire publié dans le *Recueil des savants étrangers*. Imprimerie nationale, 1876 *chez Gauthier-Villars*, quai des Grands-Augustins.

dans des conditions moins favorables, puisqu'il s'évapore plus rapidement que le sulfocarbonate). Dans les sols siliceux et meubles, mieux appropriés à ce mode de traitement, la réussite ne pourra guère être obtenue qu'en renouvelant plusieurs fois l'opération ; et encore, avec ce remède, fort coûteux, on n'aura jamais la certitude absolue du succès, car l'état de porosité du terrain, variable avec les saisons, les cultures et une foule d'autres causes, influera nécessairement sur la bonne répartition de la substance employée.

Le mélange des sulfocarbonates alcalins avec diverses substances, chaux, cendres, tourteaux et terre, dans le but d'obtenir une poudre et de rendre leur emploi plus pratique, n'a pas non plus donné des résultats très-encourageants(1). D'ailleurs, quand même on trouverait un mélange efficace, son action serait toujours subordonnée à l'arrivée des pluies, et, par suite, toujours incertaine. Il n'y a

(1) Cependant M. Boutin aîné aurait obtenu, à Angoulême, de bons effets avec le mélange de goudron et de sulfocarbonate: Voir *Comptes rendus* (2º semestre, 1876.)

donc encore, malheureusement, que le procédé de l'eau comme véhicule qui offre des garanties suffisantes. Que le sol soit siliceux, calcaire, pierreux ou argileux, la diffusion du remède peut toujours avoir lieu dans les couches terrestres phylloxerées.

On a aussi reproché au sulfocarbonate d'avoir une action trop peu prolongée. Certainement il vaudrait beaucoup mieux qu'elle durât pendant toute la période de la végétation; c'est là l'idéal d'un remède parfait; mais malheureusement un tel remède reste encore à découvrir, et rien ne fait prévoir qu'on y arrive de sitôt, tant est grand le pouvoir décomposant du sol.

L'action des sulfocarbonates est instantanée et dure tout au plus quelques jours; telle qu'elle est, elle suffit cependant à détruire les parasites qui sont sur les racines de la vigne, sinon en totalité, du moins suffisamment pour permettre à la plante de végéter plusieurs mois. Dès lors une durée de quelques jours en plus ou même d'une semaine ne serait guère plus avantageuse.

IV.

APPLICATION PAR LE PROCÉDÉ DE L'EAU COMME VÉHICULE.

Pour répondre à un grand nombre de personnes qui nous écrivent à chaque instant pour nous demander des renseignements sur la manière d'appliquer les sulfocarbonates alcalins, nous allons résumer ici en quelques mots les principes de l'application de ce remède, telle que nous l'entendons actuellement.

L'application rationnelle des sulfocarnates alcalins est basée sur deux principes essentiels. Il faut : 1° que toute la surface infestée soit traitée ; 2° que le toxique soit porté assez profondément pour détruire tous les phylloxeras.

Pour atteindre ce dernier but, de tous les procédés que nous avons essayés à la station viticole de Cognac (1), seul jusqu'ici l'emploi de l'eau comme véhicule nous a donné de bons résultats ; que le sol soit pierreux, poreux ou argileux,

(1) Pour plus de détails, voir ma brochure publiée l'année dernière.

si la quantité de liquide dont on étend le
sulfocarbonate est suffisante, la diffusion
de cet agent peut toujours être parfaite.

Quant à l'exécution de l'opération, la
première idée qui se présente au viti-
culteur, ce serait d'arroser toute la surface de la partie contaminée avec la
solution toxique, et cela assez abon-
damment pour atteindre la profondeur
voulue, mais l'expérience, sinon la ré-
flexion, lui apprendrait très-vite que ce
procédé d'application est mauvais, parce
qu'il ne peut donner une répartition de
sulfocarbonate égale et uniforme pour
chaque cep.

Des nombreux essais que nous avons
faits, il est ressorti pour nous cette conviction que le meilleur moyen d'obtenir
une bonne répartition de la substance,
point capital du traitement, consiste
à la placer dans de petits bassins ou
récipients plus ou moins grands, suivant les modes de plantation de la vigne,
la déclivité du sol et le mode de culture,
ordinairement un par cep, et dont la
profondeur varie de $0^m.05$ à $0^m.10$.

Comme cette construction des récipients est très-importante pour la bonne

réussite de l'opération, nous allons en donner quelques exemples applicables aux principales régions viticoles de France.

1° *Vignoble des Charentes*. — Dans les Charentes et dans la plupart des départements voisins, les ceps sont ordinairement espacés de 1ᵐ.65 sur 1 mètre ; ce qui fait qu'il y en a donc environ 6,000 à l'hectare.

Dans le cas où l'on effectue les façons culturales à la houe à main, à l'automne ou en février ou mars, après la taille (qu'on devra peut-être avancer un peu), on déchaussera les ceps de manière à couper les lignes de plus grand écartement. Ce déchaussement se fera sur une profondeur d'environ 0ᵐ.08 à 0ᵐ.10. On disposera sous forme de billon, à droite et à gauche, sur les entre-lignes, la terre enlevée, de manière à obtenir une espèce de fossé à fond bien horizontal dans lequel se trouveront les ceps.

Comme il faut que tout le volume de terre infestée soit visité par le toxique, on s'arrangera de façon à faire les billons le moins larges possibles à la base, 0ᵐ.20 à 0ᵐ.30 tout au plus. Pour ne pas dépasser cette dimension, il suffira de faire les rigoles moins profondes. Dans des conditions moyennes, un homme travaillant dix heures par jour peut déchausser, en se servant de la houe à deux dents, 250 à 300 ceps, soit 4 à 5 ares.

Ceci fait, on construit entre chaque cep, avec un peu de terre, un petit barrage, de façon à faire des récipients à sections carrées ou rectangulaires, et à fond le plus horizontal possible, afin que le liquide toxique qui y sera versé descende partout uniformément et également dans les couches terreuses phylloxerées. Chaque cep se trouve donc ainsi au milieu d'un récipient. Un ouvrier peut construire en dix heures 400 à 500 de ces bassins.

Lorsque ce travail préparatoire, que l'on peut exécuter plusieurs jours ou plusieurs semaines avant le traitement, est terminé, l'opérateur, au moment d'appliquer le sulfocarbonate alcalin, évalue la quantité d'eau dont il devra étendre chaque dose de ce produit pour le faire pénétrer jusqu'aux plus profondes racines malades. Cette quantité sera naturellement variable avec l'humidité du sol et sa porosité. Si la terre est très-humide ou très-poreuse, on étendra la dose de sulfocarbonate d'un arrosoir d'eau ; si elle n'est qu'humide et moyennement poreuse, il en faudra deux ; si elle n'est que fraîche, comme cela arrive souvent à la fin de mars et dans le courant d'avril, il faudra étendre de trois arrosoirs d'eau chaque dose de sulfocarbonate. Enfin, si l'on doit opérer en été, pendant les grandes sécheresses, il n'y a pour ainsi dire plus de limite : la quantité d'eau nécessaire peut alors varier de 50 à 100 litres. Mais je me hâte de dire que ce n'est pas le moment où le sol est très-sec qu'il faut choisir pour appliquer le remède : ce serait vouloir à plaisir augmenter le prix de revient du traitement.

Dans tous les cas, dès que la solution toxique est absorbée par le sol, mais pas avant, il est bon de verser par-dessus une petite quantité d'eau pure, afin de faire descendre cette solution plus profondément dans le sous-sol, et de retenir plus complétement près des racines le sulfure de carbone résultant de la décomposition du sulfocarbonate. Ainsi, dans le premier cas, il faudrait de nouveau ajouter deux à trois litres d'eau par récipient; dans le second et le troisième cas, 5 litres.

Quand on a ainsi mis de l'eau claire par-dessus la solution toxique, on pourra se dispenser de ramener la terre au pied des ceps.

Le lecteur doit comprendre que ces indications ne peuvent être que très-générales; c'est à l'opérateur à les modifier plus ou moins complétement, suivant les conditions dans lesquelles il opère.

Quant à la quantité de sulfocarbonate à employer, elle est aussi variable suivant la profondeur à laquelle s'enfoncent les racines, la nature des couches terreuses et leur perméabilité.

Dans les sols légers et peu profonds, 60 à 70 centimètres cubes à 40 degrés Baumé, ayant une densité de 1,350, ou 80 à 95 grammes par souche seront suffisants, soit 480 à 570 kilogr. par hectare.

Dans les sols profonds ou argileux, il faudra 70 à 80 centimètres cubes ou 95 à 110 grammes par cep, soit 570 à 660 kilogr. à l'hectare.

Quelle que soit l'humidité du sol, ces quantités ne varient pas; la proportion d'eau dont on doit les étendre varie donc seule.

Ces doses de sulfocarbonate conviennent pour un très-bon traitement; mais il n'est pas douteux qu'on ne puisse les abaisser considérablement, peut-être de moitié, sans cesser d'obtenir un résultat satisfaisant.

Au début de la maladie, lorsque les ceps ont encore assez de ressources en eux-mêmes pour mûrir à peu près leurs raisins, ainsi que dans le cas où l'on jugerait à propos d'appliquer deux traitements dans l'année, des doses de sulfocarbonate de moitié plus faibles que celles indiquées ci-dessus seraient largement suffisantes.

Pour abréger le travail de la préparation de la solution toxique, on pourra se servir de baquets ou de tonneaux, qu'on remplira d'eau après y avoir mis la dose de sulfocarbonate proportionnelle à la capacité du vase ou au nombre de ceps qu'on peut traiter avec un plein tonneau ou un plein baquet.

Comme le sulfocarbonate se décompose assez rapidement quand il est mélangé à une grande quantité d'eau, il sera bon de ne pas préparer de solution toxique trop longtemps d'avance.

Dans les vignobles où les façons culturales sont données à la charrue, après avoir déchaussé les ceps, on rectifiera à la houe à main le tracé des rigoles, de manière à les mettre en état de recevoir le sulfocarbonate ; cela demandera beaucoup moins de travail que dans le cas où l'on n'aurait employé que la houe ; on achèvera ensuite la construction des récipients comme ci-dessus, et l'on procédera au sulfocarbonatage.

Comme toute la surface infestée n'aura pas été traitée, et qu'il restera encore le milieu des lignes, on ramènera la terre au pied des ceps au moyen de la charrue, tout en faisant en même temps une nouvelle rigole au milieu des interlignes ; puis, après avoir élargi et nivelé le fond de cette rigole, on la partagera également en bassins dans lesquels on versera la solution sulfocarbonatée.

Le travail à la charrue simplifiera beaucoup la main-d'œuvre, et avec un peu de soin on arrivera facilement, en combinant les deux opérations, à traiter toute la surface.

Il va sans dire qu'il n'est pas nécessaire d'appliquer à la même époque ces deux traitements; on peut très-bien traiter tout d'abord la rigole dans laquelle se trouvent les ceps et attendre quelques jours ou même quelques semaines (surtout si l'on opère en hiver) avant de répandre la solution dans les bassins de la seconde rigole. Quand le traitement est ainsi fractionné, il est clair que la dose de sulfocarbonate nécessaire pour chaque cep doit l'être également dans la même proportion.

Les vignes cultivées en planches alternées avec d'autres cultures devront être opérées comme les vignes cultivées en plein. Il faudra, de plus, appliquer le traitement extérieurement à chaque planche, sur une largeur de 0^m.50 à 0^m.60.

Enfin, quand les vignes sont sur un terrain en pente, comme il faut que le fond des récipients soit horizontal, on fera les lignes de traitement perpendiculaires à la direction de la plus grande pente, et d'autant plus étroites que celle-ci sera plus forte.

2° *Vignobles du Midi, particulièrement ceux de l'Hérault.* — Dans toute cette vaste contrée viticole, la culture de la vigne et son mode de taille diffèrent assez peu de ceux des Charentes ; cependant les ceps y sont plus espacés ; ils sont ordinairement plantés dans les lignes de $1^m.50$ à $1^m.60$ en tous sens, c'est-à-dire que chaque cep occupe, en moyenne, $2^{mq}.25$ à $2^{mq}.56$; il y en a donc de 4,400 à 4,000 par hectare.

Pour appliquer les sulfocarbonates alcalins à ces vignes, qui sont aussi cultivées tantôt à la main, tantôt à la charrue, ou en combinant les deux modes, la préparation du sol pourra se faire également comme il a été dit ci-dessus. Après avoir déchaussé les ceps sur une faible profondeur, et fait un sillon, large à la base de $0^m.20$ à $0^m.30$ et haut de $0^m.15$ à $0^m.20$, au milieu de chaque interligne, avec la terre retirée du voisinage des ceps, on divisera, par de petits ados transversaux, la rigole obtenue en autant de récipients qu'il y aura de ceps dans la ligne.

Chaque bassin aura, en moyenne, comme dimension (cas où les ceps sont espacés de $1^m.50$), $1^m.10$ à $1^m.20$ de largeur sur $1^m.40$ de longueur, et en comptant jusqu'au milieu des séparations une surface qui doit être imbibée par le toxique de 1ᵐ.50 sur 1ᵐ.50.

Les séparations entre chaque récipient seront plus ou moins épaisses suivant la perméabilité du sol ; en tous cas, elles devront être telles que les liquides des compartiments contigus se rejoignent par imbibition. En général, pour que ce résultat soit obtenu, elles seront étroites.

Toutefois, je dois dire que cette manière d'opérer n'est pas applicable quand le terrain n'est pas horizontal et très-perméable, les récipients seraient trop grands, la solution toxique se réunirait d'un côté et ne pénétrerait pas également le sol. Alors on opère en deux fois. On fait d'abord une rigole qui comprend les ceps, large d'environ 1ᵐ.50, de chaque côté de la ligne, et profonde de 0ᵐ.08 à 0ᵐ.10 ; on accumule la terre qu'on retire sur le milieu des interlignes, qui aura alors de 0ᵐ.50 à 0ᵐ.60 de largeur. Ensuite on construit les récipients comme ci-dessus, et on traite en mettant les deux tiers de la dose totale d'eau et de sulfo-carbonate. Puis, après absorption du remède, en même temps qu'on ramène la terre au pied des ceps, on fait la rigole du

milieu des interlignes, et par suite les récipients, lesquels exigeront alors moitié
moins de liquides que les précédents.
C'est cette méthode que j'ai employée
l'année dernière à Montpellier. Quoique
un peu plus coûteuse que la précédente,
je la recommande néanmoins de préférence.

Pour chaque cep, quel que soit le mode
de préparation du terrain, il faudra, dans
les sols peu profonds et perméables, 110
à 150 grammes de sulfocarbonate, soit
490 à 560 kilogr. à l'hectare.

Dans les sols argileux et profonds, 130
à 135 grammes, soit 570 à 660 kilogr. à
l'hectare, c'est-à-dire les mêmes quantités que dans les Charentes.

Quant à la quantité d'eau dont on devra étendre ces doses de sulfocarbonate,
variant suivant l'humidité du sol, on ne
peut donc *à priori* donner un chiffre
exact. Cependant, voici les quantités que
nous avons employées l'année dernière
à l'école d'agriculture de Montpellier
pour un même sol et de moyenne consis-
tance. Lorsqu'il était très-humide, on
mettait 30 litres d'eau par cep, dont 20
de solution toxique et 5 d'eau pure ver-

sés par-dessus après absorption, soit donc environ 100 à 110 mètres cubes par hectare. Lorsqu'il fut devenu un peu moins humide, on employait par cep 30 litres de solution toxique et 10 litres d'eau claire; enfin plus tard, à la fin de mars, lorsqu'il fut devenu encore plus sec, nous avons mis par bassin ou par souche jusqu'à 50 litres d'eau, dont les 40 premiers contenaient le sulfocarbonate.

3° *Vignobles du Bordelais.* — Dans cette région, où les modes de culture de la vigne sont très-nombreux, et où l'écartement des ceps est très-varié, suivant que l'on se trouve dans les palus, dans les graves ou dans les coteaux argileux, on ne peut non plus donner que des indications très-générales.

Dans tous les cas, après avoir partagé le sol en récipients, ce qui est toujours facile avec tous les modes de labour, pour l'application du sulfocarbonate, on se basera sur ce principe que, dans les sols peu profonds et perméables, il faut de 45 à 50 grammes de cette substance par mètre carré, et, dans les palus ou dans les sols argileux ou francs, il en faut de 55 à 60 grammes par mètre carré.

Ces chiffres étant connus, il sera toujours facile de déterminer la quantité nécessaire pour traiter un cep. Ainsi, pour ne citer qu'un seul exemple, dans les palus du Médoc, où les ceps occupent 4 mètres carrés, il faudra donc 200 grammes de sulfocarbonate pour chacun d'eux, répartis en quatre récipients.

Quant à la quantité d'eau, pour la fixer, il faut toujours avoir présent à la mémoire que, pour obtenir un bon traitement, le sulfocarbonate doit être porté assez profondément et partout où il peut y avoir des phylloxeras.

4° *Vignobles de la Bourgogne.* — Ici, où les ceps sont en général très-nombreux par hectare, et par conséquent très-rapprochés, la préparation du sol se fera d'après les règles déjà décrites. Les ceps étant d'abord déchaussés, suivant leur écartement et la déclivité du terrain, on en mettra un ou plusieurs par récipient.

La quantité de sulfocarbonate nécessaire par bassin sera toujours déterminée, cela va sans dire, en prenant pour base la dose exigée pour traiter un mètre carré, et la quantité d'eau par l'humidité, la profondeur et la perméabilité du sol.

Deuxième manière d'appliquer les sulfo-carbonates alcalins. — Le procédé que nous venons de décrire pour appliquer les sulfocarbonates alcalins semble en principe, si l'exécution a été bien faite, ne rien laisser à désirer sous le rapport de la répartition du toxique ; théoriquement, on conçoit la possibilité de traiter ainsi tout le volume de terre infesté de phylloxeras.

Malheureusement, la préparation du sol en est assez coûteuse, et, si elle n'est pas bien exécutée, elle ne donne pas tous les résultats qu'on est en droit d'en attendre. De plus, les récipients ne pouvant jamais être très-profonds, vu l'impossibilité qu'il y aurait de loger sur les intervalles la terre qu'on en retire, il faut ordinairement une grande quantité d'eau pour imbiber le sol phylloxeré assez profondément. Et enfin, comme cela arrive pour les vignes déjà anciennement malades et qui ont leurs extrémités de racines déjà mortes ou pour les jeunes plants, avec cette méthode on traite souvent des surfaces, et, par suite, des volumes de terre où il n'y a pas de racines de vignes, ce qui augmente considérablement et inutilement le prix de revient du remède. Eu égard à ces diverses considérations, quand il s'agira de traiter en sols secs une jeune vigne ou des ceps dont les extrémités des racines auront été détruites par la maladie, on pourra appliquer la méthode que voici :

Au lieu de traiter toute la surface, on fera tout simplement une excavation au pied de chaque cep, ayant comme profondeur le niveau des grosses racines et une largeur naturellement variable suivant l'écartement, mais déterminée d'une manière générale par la possibilité de loger la terre retirée du pied du cep sur les intervalles.

Dans les Charentes, et très-souvent dans le Midi, ainsi que dans la plupart des contrées viticoles, ces excavations autour des ceps se font déjà pour la taille; on pourrait donc en profiter avantageusement pour y déposer le sulfocarbonate.

Avec cette manière de préparer le sol, la quantité d'eau nécessaire est considérablement plus faible qu'avec la première méthode : 5 ou 10 litres d'eau par cep, en hiver, dans les circonstances moyennes, seraient suffisants; dans les sols les plus secs, avec 20 litres le traitement ne laisserait rien à désirer.

La quantité de sulfocarbonate pourrait être aussi considérablement plus faible qu'avec la première méthode. Ainsi, dans tous les cas cités plus haut on pourrait la diminuer de moitié.

Bien entendu, on n'obtiendra pas par ce procédé des résultats comme destruction d'insectes aussi complets qu'avec le premier, mais ils seront encore suffisants dans les cas indiqués, soit pour sauver la récolte, soit pour commencer à redonner de la vigueur aux ceps très-affaiblis.

Les résultats obtenus l'année dernière à Cognac avec cette méthode ne laissent pas de doute à cet égard. De plus, son prix de revient devenant très-faible, on pourra facilement faire deux traitements par an si cela est nécessaire.

Seulement, il est à remarquer qu'ici les ceps étant pris pour unité au lieu de la surface, cette méthode devient surtout avantageuse quand il s'agit de vignobles où les ceps sont très-écartés; ce qui, soit dit en passant, forcera, si elle entrait dans la pratique courante de la culture de la vigne, à planter plus clair, afin d'avoir moins de ceps à traiter par hectare. Le salut de la vigne par les sulfocarbonates est peut-être là.

Ces indications générales étant bien comprises des viticulteurs, il leur sera ensuite facile d'appliquer le remède indiqué dans toutes les circonstances particulières qui pourront se présenter. Si l'on jugeait à propos d'employer les sulfocarbonates de sodium et de baryum, il faudrait faire suivre leur application d'une bonne fumure.

V.

Prix de revient du sulfocarbonatage. — Actuellement, ce prix est encore très-élevé; dans les circonstances les plus générales, il est compris entre 550 et 700 fr. par hectare, dont 300 à 350 fr. de sulfocarbonate et le reste en main-d'œuvre (1).

(1) M. Dorvault, 7, rue de Jouy, à Paris, dont le dévouement à la cause de la fabrication industrielle des produits en question est des plus louables, vend actuellement le sulfocarbonate de potassium, que nous recommandons de préférence aux autres, 75 fr. les 100 kilogr.

Il en résulte que, désormais, les crus de valeur sont à l'abri de la destruction ; quant aux crus ordinaires, beaucoup, malheureusement, ne peuvent pas encore supporter une pareille dépense (1). Mais, lorsque l'efficacité des sulfocarbonates ne sera plus mise en doute, j'ai la convicsion que le remède proposé pénétrera peu à peu dans la culture de la vigne, même

(1) A l'école d'agriculture de Montpellier, nous avons traité l'année dernière environ 10 hectares. Malgré les circonstances souvent défavorables de l'opération, la dépense en main-d'œuvre et en sulfocarbonate, transport compris, n'a pas dépassé, en moyenne, 850 fr. par hectare, et non 1,200 fr., comme l'ont écrit certains journaux de Montpellier. Voici, du reste, le détail des dépenses, dans le cas d'un traitement complet, et lorsqu'il fallait porter l'eau, en moyenne, à 450 mètres ; la journée de 8 heures, des hommes, était payée 2 fr. 50, et celle des chevaux estimée à 7 fr.

Déchaussement et confection des grands récipients	82 fr.
Confection des récipients d'interlignes	82
Mise du sulfocarbonate	90
Transport de l'eau	165
Sulfocarbonate, 500 kilogr., transport compris, à 85 fr. les 100 kilogr.	425
Total	844 fr.

Ce n'est qu'en comptant le matériel qu'on a

avec le principe de l'emploi de l'eau, et cela par les principales raisons que voici :

1° La matière première des sulfocarbonates n'étant pas rare, leur prix s'abaissera sûrement au fur et à mesure des progrès qui surviendront dans leur fabrication ; l'histoire industrielle d'une foule de produits chimiques en offre de nombreux exemples ;

2° Le mode d'application se perfectionnera aussi sous tous les rapports ;

3° La question du transport de l'eau pourra être considérablement simplifiée dans une foule de circonstances, soit par la construction, à proximité des vignobles, de réservoirs destinés à récolter les eaux de pluie, soit par des canaux de dérivation, soit en employant des machines

acheté, et qui doit servir pour plusieurs années, et les frais de surveillance exceptionnels, qu'on arrive à 1,200 francs. Mais, d'autre part, souvent aussi le prix de revient est descendu au-dessous de 700 frans, lorsque, notamment, le transport de l'eau a été annulé en se servant de tuyaux de toile.

Comme on le voit, malgré les difficultés et les tâtonnements d'un début, nous sommes loin des chiffres fantastiques donnés par quelques personnes contraires aux sulfocarbonates.

élévatoires, en se servant de pompes, de tuyaux, etc., etc., suivant les cas.

Il est à remarquer que la plupart des dépenses d'installation seront faites une fois pour toutes, ou tout au moins pour de longues années ;

4° Comme le traitement des vignes phylloxerées ne peut qu'être avantageux à la vigne, il est à croire que celle-ci produira davantage, et qu'ainsi les dépenses du remède seront compensées, sinon en totalité, du moins en partie. Il n'est même pas déraisonnable d'admettre que le phylloxera, en forçant les viticulteurs à mieux soigner leurs vignes, provoquera un progrès considérable dans la culture de la précieuse plante ;

5° Enfin, les produits de la vigne peuvent être considérés comme à peu près indispensables ; s'ils coûtent cher à obtenir, leur prix de vente sera toujours, d'après la loi très-connue en économie générale, en rapport avec leur prix de revient.

L'important pour le moment est que les viticulteurs essayent franchement et avec confiance le remède proposé par M. Dumas ; son efficacité étant reconnue, sa généralisation se fera d'autant plus vite. Quelques personnes pourraient peut-être, au début, éprouver quelques échecs, mais qu'elles ne se découragent pas, qu'elles recommencent, et elles arriveront certainement comme nous à se convaincre de la valeur du traitement que quelques individualités se sont trop empressées de condamner.

Le salut de nos vignes est là, et qu'il me soit permis de dire que je ne pense pas qu'on trouve de sitôt un remède supérieur au sulfocarbonate de potassium, c'est-à-dire réunissant un ensemble de qualités aussi considérables.

L'année dernière, il a été fait, en dehors du comité de Cognac, plusieurs essais de sulfocarbonates (1) ; partout on a signalé leurs bons effets, et il faut espérer que ces résultats encourageront d'autres personnes à expérimenter ces produits, et qu'ainsi l'œuvre de vulgarisation s'accomplira peu à peu.

(1) A Montpellier, chez M. Marès ; dans le Médoc, chez M. le comte de la Vergne ; à Clermont, par MM. Aubergier et Truchot ; au comité du chemin de fer P.-L.-M., à Manosque, chez M. Geyraud, etc.

VI.

Fréquence des traitements. — Il semble aussi ressortir des expériences de Cognac qu'un seul traitement par an est suffisant quand il s'agit de vignes traitées au début de la maladie. Mais quand on veut ramener à leur ancien état des vignes malades depuis plusieurs années et très-affaiblies par la maladie, — ce qui n'est peut-être pas très-avantageux, — ou de très-jeunes vignes, deux traitements paraissent indispensables. Le premier au printemps, et le deuxième à la fin de juillet, pour protéger les nouvelles racines, qui, étant très-délicates, ne pourraient pas supporter les attaques et les lésions que produiraient les insectes, qui reparaissent toujours à cette époque de l'année.

Cependant, d'après les résultats que j'ai obtenus avec la décortication et le badigeonnage des ceps, combinés avec le traitement des racines, on peut espérer pouvoir se passer de ce deuxième traitement (1).

(1) Dans le cas de la nécessité de deux traitements, on pourrait, par exemple, faire le premier

VII.

Décortication et badigeonnage des ceps combinés avec le traitement des racines. — A partir du jour où M.. Balbiani eut découvert l'œuf d'hiver du phylloxera et indiqué la partie des ceps où il était déposé, toutes les personnes au courant des remarquables travaux du savant délégué de l'Académie pensèrent immédiatement avec lui qu'on pouvait tirer un grand parti de cette découverte en pratiquant l'écorçage des ceps et ensuite leur badigeonnage.

M. Boiteau, de Villegouge (Gironde), se mit de suite à l'œuvre, et après le chaleureux appel qu'il fit l'an dernier, au congrès de Bordeaux, beaucoup de viticulteurs l'ont imité.

Le comité de Cognac n'est pas non plus resté en arrière de ce côté; dès l'hiver dernier, le procédé a été appliqué.

Dans la vieille vigne de M. Thibaud, soumise au traitement du sulfocarbonate

un peu moins complet, de manière à le rendre plus économique, et le second en employant la méthode des trous circulaires au pied des ceps.

depuis deux ans, et qui a été citée plus haut, des ceps ont été décortiqués à la main munie d'un gant de peau ou avec un vieux couteau, puis badigeonnés :

Les uns avec du sulfocarbonate ;

Les autres avec du goudron.

On avait aussi laissé des témoins décortiqués et non décortiqués sans être badigeonnés.

Le premier résultat que l'on ait constaté a été la mort de tous les ceps badigeonnés au goudron. Par conséquent, cette substance doit donc être rejetée, ou tout au moins son emploi à l'état pur essayé avec beaucoup de prudence.

Quant aux ceps badigeonnés avec le sulfocarbonate, pas un n'a semblé en souffrir.

Mais, voici ce qu'il y a eu de plus remarquable : tandis que, dès le mois d'août, les phylloxeras commençaient à redevenir très-nombreux sur les ceps seulement traités par le procédé ordinaire, sur les racines de ceux qu'on avait badigeonnés, il n'y en avait presque pas, et il en était encore de même au mois d'octobre dernier. Les premiers exigeaient un second traitement dès la fin de juillet, et les seconds n'en ont encore pas besoin.

Le badigeonnage avec le sulfocarbonate, appliqué après la décortication des ceps, en détruisant les œufs d'hiver du phylloxera, a donc empêché cet insecte de se régénérer, et, par cette simple opération, on a évité un deuxième traitement et peut-être davantage.

Chez M. Ed. Martell, à Chanteloup, où j'avais décortiqué et badigeonné des ceps avec du sulfocarbonate étendu de son volume d'eau, les résultats ont été aussi on ne peut plus satisfaisants au point de vue de la destruction de l'insecte.

Le badigeonnage des ceps paraît donc être le complément nécessaire du traitement des vignes phylloxerées que l'on veut rétablir. Appliqué aux vignes saines, il fait entrevoir la possibilité de les préserver de la maladie.

VIII.

Sulfure de carbone. — Cette substance, qui semblait abandonnée, revient aussi, comme les sulfocarbonates, de plus en plus en vogue. Les nouvelles expériences faites à la Station et les renseignements que j'ai pu me procurer ailleurs n'ont pas modifié ma manière de voir. Pour moi, le sulfure de carbone est un produit dont le maniement demande beaucoup de précautions ; qui tue facilement la vigne à des doses très-variables suivant les sols, leur porosité et leur état d'humidité ; qui s'évapore trop rapidement, ce qui empêche sa diffusion de bien se faire dans le sol ; enfin un remède dont l'application, à moins d'être réitérée très-souvent, devra être suivie d'une bonne fumure : ce qui annulera peut-être l'économie qu'on pourrait faire en employant cet insecticide.

Le sulfocarbonate de potassium, qui est la forme maniable du sulfure de carbone, ne présente pas ces inconvénients et doit être préféré à ce dernier. Là, le sulfure de carbone est plus stable, plus diffusible dans l'humidité du sol, et d'un emploi plus facile, moins dangereux pour la vigne ; le sulfocarbonate est à la fois engrais et insecticide (1). C'est donc de

(1) Les partisans du sulfure de carbone semblent aussi oublier que chaque 100 kilogr. de sul-

ce côté que les inventeurs d'appareils devraient plutôt diriger leurs efforts.

IX.

Vignes américaines. — Ces vignes continuent à être recommandées par beaucoup de personnes, et l'on a aussi commencé à les expérimenter à Cognac. Je ne voudrais pas décourager les tentatives faites de ce côté, car, du moment où les convictions sont sincères et surtout basées sur les faits, elles méritent toutes les sympathies. Cependant, j'ai le regret de dire que, de l'ensemble des documents que j'ai pu me procurer, il ressort malheureusement qu'on est loin d'avoir une solution satisfaisante ; les cépages sur lesquels on comptait le plus dépérissent de plus en plus et viennent encore augmenter le nombre de ceux qui ont dû déjà être rejetés dans les années précédentes. Ainsi les Clintons, que beaucoup

focarbonate employé apporte au sol l'équivalent d'environ 30 kilogr. de sulfate de potasse, soit par hectare, dans le cas d'un traitement complet, 150 kilogr. (M. Dumas).

de personnes vantaient tant, semblent aussi devoir disparaître, comme beaucoup d'autres, ou tout au moins conserver un état chétif et languissant; c'est ce que j'ai vu, notamment, chez MM. Transon frères, à Orléans, où il y a des pieds de ce cépage âgés de quinze à seize ans; leur végétation m'a paru très-pauvre, et ils sont à peu près régulièrement stériles, ce que l'on ne peut guère attribuer qu'à la maladie.

En ce moment, les *Æstivalis* (Herbemont, Cynthiana, Jaquez, etc.) semblent, au point de vue de la résistance, devoir être placés au premier rang; mais, après tant de déceptions, il convient d'être encore très-réservé à l'égard de ces cépages exotiques et de les expérimenter comparativement.

Cependant, M. Ferrand, pépiniériste à Cognac, possède actuellement deux pieds d'une espèce qui semble chez lui être complétement indemne, malgré l'enchevêtrement de leurs racines avec celles de cépages fortement phylloxérés. Leur végétation est véritablement splendide, et ils fructifient. Ils méritent donc la plus grande attention, et il importe de

savoir bientôt comment ils se com-
porteront dans d'autres sols et comme
porte-greffes, car leur tige est très-
grêle.

En résumé, les viticulteurs peuvent
combattre la terrible maladie qui sévit
sur les vignes, outre la submersion, en
employant les moyens suivants :

1° Les sulfocarbonates, appliqués di-
rectement sur le sol pour le traitement des racines, et, en même temps,
en badigeonnage sur la partie aérienne
des ceps ;

2° Comme moyen préservatif, la décortication et le badigeonnage des ceps ;

3° Les vignes américaines, qui deman-
dent à être essayées avec beaucoup de
prudence.

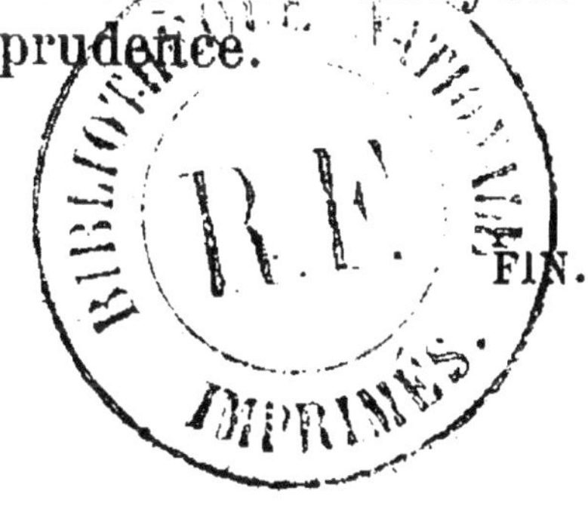

FIN.

Paris, typogr. G. Chamerot, rue des Saints-Pères, 19

PARIS

TYPOGRAPHIE GEORGES CHAMEROT

19, RUE DES SAINTS-PÈRES, 19

www.ingramcontent.com/pod-product-compliance
Ingram Content Group UK Ltd.
Pitfield, Milton Keynes, MK11 3LW, UK
UKHW020957120726
13693UKWH00004B/1719